AF324368

APERÇU DES TRAVAUX

DE LA SOCIÉTÉ

DES SCIENCES NATURELLES

DE LA CHARENTE-INFÉRIEURE,

DEPUIS SA FONDATION, EN 1836, JUSQU'A LA FIN DE 1849,

PAR LE SECRÉTAIRE,

S.ᵀ-C.-L. SAUVÉ,

Docteur en médecine, Professeur d'accouchement, Membre de plusieurs Sociétés savantes.

LA ROCHELLE,

TYPOGRAPHIE DE G. MARESCHAL, RUE DE L'ESCALE, 20.

1850

APERÇU DES TRAVAUX

DE LA SOCIÉTÉ

DES SCIENCES NATURELLES

DE LA CHARENTE-INFÉRIEURE,

Par St-C.-L. SAUVÉ,

Docteur en médecine, Professeur d'accouchement, Membre de plusieurs Sociétés savantes, Secrétaire.

PREMIÈRE PARTIE.

1° ORIGINE ET FONDATION DE LA SOCIÉTÉ.

MESSIEURS,

Depuis longues années, l'Académie des belles lettres, sciences et arts de la Rochelle, avait cessé de se réunir. Le besoin se fit alors sentir aux hommes qui s'occupaient des sciences physiques et naturelles, d'organiser une nouvelle Société, dans laquelle ils pourraient se communiquer leurs idées ; s'entretenir des sciences, objet de leurs études ; multiplier et étendre leurs rapports scientifiques.

Il fallut, tout d'abord, rattacher cette idée à celle d'une utilité publique, immédiate, tangible pour tous, et la création d'un musée départemental, dans lequel on

1850

devait rassembler toutes les productions naturelles de ce département, se présenta et fut mise immédiatement à exécution.

Les statuts furent rédigés par les membres fondateurs et reçurent l'approbation ministérielle ; elle fut transmise le 29 avril 1836 par le ministre de l'intérieur, à M. le Préfet de la Charente-Inférieure, qui lui-même l'adressa à la Société, le 6 mai suivant.

C'est à MM. d'Orbigny, Fleuriau de Bellevue et Blutel, que revient surtout l'honneur de cette fondation.

Cette idée fut heureuse et féconde, et devrait trouver de l'écho dans tous les départements. Je dis qu'elle fut heureuse, car elle réunit sur-le-champ un grand nombre d'adhérents, qui tous se mirent immédiatement à l'œuvre. Elle fut féconde, car en peu d'années les résultats les plus satisfaisants furent obtenus, des réunions fréquentes eurent lieu, et établirent entre tous les membres, des relations et des rapports aussi précieux au point de vue de la confraternité, qu'à celui de la science.

Dans l'intervalle de ces réunions, chacun s'empressa d'apporter sa pierre à l'édifice. Nos édiles, què l'on trouve toujours disposés à favoriser tout ce qui tend au développement de l'esprit, s'empressèrent de voter une somme de 3,000 francs, pour l'exécution des travaux à faire pour approprier, dans les bâtiments du jardin de Botanique, le vaste local que nous occupons. Notre honorable président, dont l'éloge est dans toutes les bouches, et pour qui la reconnaissance est dans tous les cœurs, meubla, à ses frais, notre musée naissant ; enfin, notre conservateur, M. d'Orbigny père, ce patriarche de la science dans nos contrées, sacrifia et sacrifie chaque jour une partie de son temps, pour classer et mettre en ordre les nombreux objets d'Histoire naturelle qu'il tira de ses collections particulières ou ceux que chacun de nous vint lui apporter. C'est ainsi que, sans bruit, sans ostentation, notre modeste association entreprenait et menait à bonne fin une œuvre longue et laborieuse, mais excessivement intéressante, au point de vue scientifique et statistique.

Elle devrait, avons-nous dit, trouver de l'écho dans tous les départements. Ne serait-ce pas, en effet, un des moyens les plus puissants de faire progresser les sciences naturelles, de les populariser, d'en rendre l'étude facile, générale et agréable, que d'établir une statistique exacte de toutes les richesses de notre beau pays ; que de fournir à toutes les sciences des données positives qu'elles cherchent en vain aujourd'hui ? Ne serait-ce pas faciliter l'étude et les recherches, que d'avoir dans chaque chef-lieu de département des collections qui permissent au savant étranger, au voyageur, de prendre en un instant connaisance de toutes les ressources minéralogiques, géologiques, botaniques et zoologiques, qu'offre chaque localité qu'il peut avoir le désir d'explorer. Déjà notre musée a reçu la visite d'hommes célèbres dans les sciences : les Audouin, les Milde-Edwards, les Prévost, les Beudant, les d'Orbigny fils, les Guérin, l'ont admiré et nous ont honorés de leurs félicitations et de leurs encouragements.

Notre département est sans contredit un des mieux placés, pour le nombre et la richesse des productions naturelles. Intermédiaire entre le midi et le nord de la France, il a presque toutes les productions de l'un et de l'autre. L'étendue de ses côtes, de ses baies, de ses îles, le met en possession des nombreux végétaux et animaux que la mer offre au naturaliste ; aussi nos collections, bien que recueillies exclusivement dans notre département, comprennent-elles la majeure partie des productions naturelles qui existent en France.

L'origine de notre Société ne remontant qu'à quelques années, elle n'a que peu de noms éminents à citer parmi ceux qui en ont fait partie. Toutefois, nous avons l'orgueil d'inscrire ici les noms d'Audouin, ce zélé et savant naturaliste, enlevé trop tôt à la science, et celui de Sander Rang, officier supérieur de la marine, qui savait dans les moments de loisir que lui laissait le service de l'Etat, mettre à profit son talent d'observation et son goût pour l'Histoire naturelle. La notice nécrologique que je vous ai lue sur ce laborieux collègue, témoigne de ce qu'il a fait pour cette science.

2° BUT DES TRAVAUX.

D'après ce que nous venons de dire, relativement à la fondation de la Société, son but est en partie connu : cependant, la création d'un musée départemental n'est pas à beaucoup près tout ce qu'elle se propose. L'étude théorique des différentes sciences physiques et naturelles fait l'objet de ses préoccupations, et ses travaux sont tous dirigés dans ce sens. Un examen rapide des sujets dont elle s'est occupée et une analyse sommaire des mémoires qui ont été lus en séance, prouveront que les spéculations de la science ne lui sont pas étrangères, et que sans cesse elle a cherché à en faire des applications utiles aux arts, à l'industrie, à l'agriculture et à l'hygiène publique. Ses tendances à favoriser et à faciliter l'étude des sciences naturelles se sont produites en diverses circonstances et réalisent aussi une des fins qu'elle veut atteindre.

On peut diviser les travaux sous trois titres différents qui répondent aux sections de la Société :

1° Géologie, minéralogie, paléontologie, etc.;

2° Botanique ;

3° Zoologie;

Et y joindre un quatrième titre, sous lequel viennent se grouper la chimie, l'anatomie, l'hygiène, la médecine et l'agriculture.

GÉOLOGIE.

Cette science si importante a été souvent le sujet de nos entretiens. Un de nos membres, M. d'Orbigny père, qui a parcouru plusieurs fois notre département, nous en a donné la carte géologique, où sont représentés avec soin ses principales formations secondaires et tertiaires : cette carte, quoique sur une petite échelle, exprime beaucoup de faits.

Notre président, M. Fleuriau de Bellevue, géologue distingué, a surtout fixé notre attention sur la direction générale et la superposition des différents terrains ; il l'a fixée notamment sur la forêt de Lignites, sous-marine et souterraine de l'île d'Aix, qu'il décrivit il y a plus de vingt ans, et dont il avait suivi les traces sur une longueur de 14 lieues dans ce département ; cette forêt, qui renferme beaucoup de succin friable ou rétinasphalte, paraît se prolonger à plus de 30 lieues au-delà, suivant la ligne du Nord-Ouest au Sud-Est, direction normale géologique de toute notre contrée de l'Ouest.

Les études géologiques de MM. d'Orbigny et Fleuriau, et leurs nombreuses collections de fossiles, ont été mises à profit, en ce qui concerne notre département, par MM. du Fresnoy et de Beaumont, qui ont doté la France d'une carte géologique d'une très-haute importance.

Une abondante collection de roches, de fossiles et de coquilles de toutes espèces, placées dans notre musée, vient témoigner de nos actives recherches. Les ossements fossiles, à la vérité, n'y sont encore qu'en petit nombre, quoiqu'il en existe un riche dépôt dans ce département, à peu de distance de la ville de Pons ; mais nous espérons que la Société qui a exploité ce dépôt consentira bientôt à nous en faire part, moyennant les échanges que nous pouvons lui offrir.

Le bois fossile d'un élan, espèce du genre *Cervus*, nous a valu un bon mémoire d'un de nos correspondants, M. Grasset. M. Coquand, associé au même titre, nous a envoyé aussi une notice curieuse sur les tourbières de Forges et sur une tète' de cerf gigantesque, qui y a été trouvée en 1828.

Il était important de faire connaître les diverses terres arables de notre département, tant sous le rapport de leur composition que de leur culture ; M. Fleuriau en a décrit les six principales espèces dans son mémoire sur l'état physique du territoire de la Charente-Inférieure, qu'il a inséré dans la statistique du département.

Il nous a aussi entretenus de l'action de la mer sur nos côtes : il a particulièrement attiré notre attention sur l'origine des dunes de sable et des attérissements ; et il a donné un exemple de la rapidité avec laquelle ces derniers se forment, en comparant les cartes du Neptune Français, publiées en 1747, avec celles de M. Beautemps-Beaupré, levées en 1823 ; d'où résulte, dans cet intervalle de soixante-six ans, un exhaussement de fond de 20 pieds sur l'emplacement que la carte de Cassini désigne sous le nom de *Rade de l'Aiguillon*. Ce fond était coté à 7 pieds au-dessous du niveau des basses-mers, et il est maintenant à 13 pieds au-dessus.

Le même membre a lu une série de mémoires d'un haut intérêt pour la science, comme pour notre département. Il a donné un grand nombre d'observations météorologiques. Grâce à lui et aux collaborateurs qu'il s'est procurés (1), vous connaissez les quantités de pluies, tombées pendant

(1) Dans le canton de Courçon feu M. de Mouroy, et ensuite M. Vincent qui continue ses observations avec soin.

cinquante-et-un ans dans l'arrondissement de la Rochelle. Il en a publié à diverses fois les principaux résultats.

C'est ainsi qu'à l'aide de ses registres il a pu démontrer au congrés scientifique, qui a eu lieu à Poitiers en 1834, la *cause de la diminution du nombre et du volume des sources*, diminution qu'on avait remarquée depuis plusieurs années dans notre région occidentale ; laquelle cause était due à 28 pour cent de diminution dans la quantité d'eau tombée pendant les hivers des huit dernières années, comparée à celle des hivers des vingt-quatre années antérieures.

Il a voulu surtout connaître l'influence de l'air sur la santé des habitants, tant des marais que des terres hautes. Dans ce but, il a fait le relevé de la mortalité dans 203 communes, pendant seize années (relevé qui est inséré dans la statistique de la Charente-Inférieure) ; il en a obtenu des résultats d'une haute importance, et il en a déduit des conséquences générales qui lui ont valu l'éloge le plus flatteur de l'académie royale de médecine, à qui le ministre des travaux publics avait adressé son mémoire. Elle approuvait en effet toutes ses propositions et engageait le Gouvernement à entrer dans les vues qu'il conseillait. (1)

Vous voyez par là comment M. Fleuriau entend la science : il veut toujours qu'elle le conduise à une application d'utilité publique. C'est ainsi qu'en considérant la mauvaise qualité des pavés de nos rues, il n'a pas craint,

(1) Voyez Bulletin de l'académie de médecine, du 31 décembre 1840, tome VI. N° 6. P. 149.

quoique dans un âge avancé, de faire deux excursions pénibles dans la Vendée, pour y chercher de meilleurs matériaux. C'est ainsi qu'il a fait d'utiles recherches sur la décomposition des murs et des rochers, dont il nous a donné lecture, ainsi qu'à l'académie des sciences.

Mu par les mêmes motifs, il est aussi depuis longtemps en correspondance avec plusieurs géologues, sur le plus ou moins de probabilité de succès de notre puits artésien, qu'on a abandonné lorsqu'il était déjà parvenu à une profondeur de 186 mètres. En attendant, il a fait connaître la singulière intermittence qui s'est manifestée dans les eaux de ce puits, à ce dernier degré d'approfondissement. Il a également constaté que la température dans ce puits s'accroit d'un degré centigrade par 30 mètres de profondeur, comme on l'a trouvée depuis quelques années dans la plupart des autres puits forés.

Aussitôt la découverte de la lithographie, présumant qu'on devait trouver dans notre sol *Jurassique moyen*, des pierres propres à cette précieuse industrie, il en fit la recherche et il en trouva une à la Couarde (Ile de Ré), qui est identique avec celle de Pappenheim ; elle fut mise à l'épreuve, et elle a été déposée dans notre musée ; mais elle a des taches et ne se rencontre qu'en plaques de trop peu d'étendue pour servir à l'usage général. Il en a été de même de celles que MM. de Beaupreau et d'Orbigny ont trouvées à Saint-Xandre, à Saint-Sauveur et au Gué. Leurs nombreuses recherches n'ont pas été plus heureuses. Cependant, celle de Saint-Xandre est également identique avec celle de Pappenheim.

Nous terminerons les travaux de cette section en rappelant aussi à votre souvenir un essai géologique sur une partie d'un arrondissement qui nous avoisine, celui des Sables d'Olonne, essai que nous devons à M. Coquand, un de nos correspondants.

BOTANIQUE.

Votre section de botanique, Messieurs, est nombreuse, relativement aux autres, et ses travaux sont actifs. Je signalerai tout d'abord la création de notre herbier, qui aujourd'hui se trouve en très-bon ordre et presque complet, en ce qui concerne notre arrondissement. Il est fâcheux que tous les membre agrégés, qui habitent ce département, n'aient pas répondu aussi activement que nous l'eussions désiré aux renseignements que la Société leur a demandés. Il est de toute justice cependant de dire que tous ne sont pas dans ce cas, et qu'il en est plusieurs qui se sont au contraire empressés de nous fournir les indications et les matériaux les plus complets. Au nombre de ceux-là, nous pouvons citer particulièrement Madame Georges, de Saint-Jean d'Angély. Il serait bien désirable que cet exemple fut suivi ; ce serait le moyen le plus efficace et le plus certain pour arriver à la connaissance de toutes les richesses végétales que possède notre département, et à l'indication précise des localités qu'habite chaque espèce de plantes.

Pour faciliter ce travail, la Société a publié un catalogue provisoire des plantes qui se trouvent dans le département et de celles qu'elle suppose devoir s'y trouver. Ces dernières y ont été inscrites comme douteuses, et c'est sur elles particulièrement que nous appelons l'attention de nos agrégés.

Ce catalogue n'est que provisoire ; beaucoup d'erreurs y ont déjà été reconnues et plusieurs encore y seront signalées ; mais c'était un point de départ indispensable pour arriver à faire une Flore départementale aussi exacte et aussi complète que possible. Cette Flore, hérissée de difficultés, n'a cependant pas effrayé votre section de botanique, qui poursuit son œuvre en silence et avec persévérance : des matériaux nombreux sont réunis, chaque membre s'est assigné une part du travail, et il n'y a pas de doute que, d'ici à un temps assez court, la Société ne se trouve en état de le publier.

L'intention de la Société est de faire précéder cette Flore de notions élémentaires de botanique, qui rendront l'étude de cette science plus simple et la mettront par conséquent plus à la portée d'une foule de personnes, de jeunes gens surtout, qui ne s'y livrent pas, privés qu'ils sont d'ouvrages spéciaux d'un petit format et d'un prix modéré.

Le jardin botanique où vous formez vos collections et où vous tenez vos séances, acquiert chaque jour plus de développement ; les espèces s'y accroissent de plus en plus, et grâce à l'activité de quelques-uns de vos membres, auxquels sont confiés la direction et l'entretien de ce jardin, il peut aujourd'hui suffire aux investigations du savant et à la curiosité de l'amateur.

Ce serait sans doute ici le cas de vous parler des nombreuses améliorations introduites dans ce jardin, depuis que notre confrère M. Brossard le dirige avec autant de savoir que de patience laborieuse, et de vous signaler la précieuse acquisition que nous avons faite dans la personne de M. Massé, jardinier en chef, qui seconde si bien la direction du jardin. Ici encore nos éloges, pour la libéralité de notre honorable président, qui a doté tout récemment ce jardin de deux pavillons aussi commodes et utiles qu'élégants et gracieux, trouveraient facilement et naturellement leur place ; mais la modestie de ces Messieurs et la connaissance exacte que vous avez de toutes ces choses, nous dispensent d'entrer dans des développements plus complets.

CRYPTOGAMIE.

Les plantes cryptogames les plus intéressantes à étudier dans notre département sont sans contrédit les hydrophytes : celui-ci présente en effet une étendue de côtes plus considérable qu'aucun autre ; il est couvert de marais et sillonné de rivières, et offre pour l'étude de ces végétaux des ressources nombreuses. Nous citerons parmi nos collaborateurs, MM. d'Orbigny, Chevalier et Hubert, comme s'étant livrés à l'étude toute spéciale de cette partie si intéressante de la botanique.

Ces Messieurs ont recueilli les espèces les plus variées et les plus nombreuses ; ils les ont réunies dans des herbiers qui sont vraiment complets. M. Chevalier, surtout, non content de récolter et de conserver avec soin les plantes marines, les a presque toutes fait dessiner, tant dans leur état normal, qu'avec des grossissements microscopiques.

M. Hubert vous a lu plusieurs mémoires sur les hydrophytes, mémoires dont vous avez parfaitement reconnu l'importance, mais que vos ressources précuniaires ne vous ont pas permis de faire imprimer. Ces mémoires paraissent dans la Revue organique des départements de l'ouest.

Est–il nécessaire, à cette occasion, de vous signaler l'exiguité de notre budget, qui nous prive, sinon de faire paraître des publications régulières de nos travaux, au moins de ceux d'entre eux qui en sont les plus dignes.

M. Chevalier vous a lu deux notices ; la première contient un travail complet sur les Laminaires : l'auteur y maintient, contre l'opinion de beaucoup d'alguéologues, la distinction des différentes espèces qui, d'après lui, viennent, par des modifications successives, toutes se fondre dans la variété *saccharina :* il décrit en outre une nouvelle espèce que possède M. d'Orbigny et qui a été trouvée à l'île de Noirmoutier.

La seconde contient des observations sur le *Céramium Ogræphilum*, trouvé à la base de la Zostère marine : notre auteur le considère comme une espèce nouvelle.

Avant de quitter les thalossiophites, je vous rappellerai le joli tableau d'échantillons, en miniature, que nous a donné notre correspondant, M. Buhot, dans lequel il a fait entrer une petite espèce de presque tous les genres. Ce tableau permet de saisir d'un seul coup d'œil l'ensemble des variétés des plantes que présentent nos côtes et les profondeurs de la mer.

PHANÉRAGAMIE.

Vos séances ont souvent été employées à définir diverses espèces, à les classer, etc. Mais les discussions orales que nous ont valu ces végétaux, doivent être négligées dans ce compte-rendu beaucoup trop succinct: je ne vous rappellerai que quelques travaux écrits. M. de Beaupreau est, sans contredit, un de nos sociétaires les plus actifs et les plus féconds ; il vous a communiqué plusieurs de ses travaux.

Le premier a pour but la réunion des trois espèces suivantes, *Inula Germanica*, *I. Salicinia* et *I. Squarrosa*.

Le deuxième, celle du *Cratœgus Oxiocantha*, et du *Cratœgus Monogyna*, chez lequel il y a avortement des styles.

Le troisième enfin, celle du *Stachis Betonicœfolia*, de Person, et du *Stachis Heraclea*.

Si dans ces trois notices il démontre la nécessité de ne pas multiplier sans de bonnes raisons le nombre des espèces ; dans une quatrième il propose une subdivision de genre, les lupulins et les trèfles sont à tort, selon lui, confondus. Il voudrait former avec les premiers une subdivision qui se trouverait intermédiaire entre les seconds et les mélilots.

Le même membre nous a communiqué trois autres travaux :

1° Une critique sur la Flore Rochefortine, dans laquelle il a signalé des inexactitudes et des omissions assez nombreuses ; toutefois il loue l'auteur, M. Lesson, qui a le grand mérite d'avoir posé un jalon servant de point de départ pour les travaux de même nature qui doivent se faire pour tout le département.

2° Une note sur la végétation climatérique du département, qui se rapproche beaucoup de celle du midi de la France.

Les côtes des îles de Ré et d'Oleron présentent, surtout ce caractère d'identité de végétation.

3° Une note sur une herborisation faite à Saint-Denis, extrémité nord de l'île d'Oleron.

Si nous avons eu à signaler les travaux d'un de nos membres titulaires, nous indiquerons dans un de nos correspondants un zèle non moins vif, et une ardeur scientifique qui ne s'est pas démentie. M. Faye s'occupe avec le plus grand fruit des phanérogames, et sa collaboration nous sera des plus utiles, dans la publication de notre Flore départementale. Déjà il nous a fourni un plan d'après lequel il pense qu'il serait convenable de la faire.

Parmi les travaux qu'il nous a envoyés, nous citerons encore la monographie des graminées, famille qu'il a décrite avec le plus grand soin, en se servant de tous les travaux publiés et notamment de celui de Raspail, dont il critique la classification basée sur les nervures des feuilles et des glumes, qui peuvent varier selon la nature et la culture du sol.

Enfin, nous avons du même membre plusieurs notes sur les espèces suivantes :

1° *Primula officinalis.* Il en décrit deux espèces, l'une à style long, et l'autre à style court ; il indique plusieurs autres caractères différentiels ;

2° *Iris spatulata.* Cette espèce a été décrite par Bonami, sous le nom d'*Iris graminea ;*

3° *Oxalis crenata* (Oxalide). Cette espèce pourrait être utilement employée, comme l'est la pomme de terre.

ZOOLOGIE.

Si je voulais passer en revue nos collections, c'est ici que mon travail serait le plus long; mais ce serait, Messieurs, abuser de vos moments; qu'il me suffise de vous signaler celle de poissons, qui atteste tout à la fois la libéralité de M. Fleuriau et l'adresse remarquable de notre préparateur, M. Guéry. La forme, les couleurs, tout est si bien conservé dans ces poissons, qu'on les croirait tout récemment privés de vie : aussi, leur aspect a-t-il frappé beaucoup de naturalistes étrangers, voire même des professeurs du muséum de Paris.

Nos oiseaux sont presque au grand complet, et nous sommes riches surtout en *Palmipèdes*. Parler de cette classe, sans vous parler de nos collaborateurs, MM. d'Orbigny, Dufour, Lem, Ponsin et Hesse, qui ont tant contribué à l'accroître, serait un oubli injuste, que vous ne me pardonneriez pas.

Nos insectes laissent, sans doute, beaucoup à désirer; la cause en est au défaut de temps pour les classer. Nous en possédons tous une grande quantité. M. Blutel, surtout, est aussi riche sous ce rapport qu'on peut le désirer, et il n'est pas douteux que cette collection ne se trouve aussi complète d'ici à peu de temps, que celles des oiseaux, des poissons, etc.

L'ordre des diptères est étudié et classé d'une manière toute particulière, par M. Beltremieux, qui nous en a donné un catalogue raisonné. Je rappellerai ici une note fournie

par le même membre, sur l'identité de l'*Éristalis tenax*
et l'*Éristalis campestris*.

Les inductions de la science qui dirigent la pratique
sont celles que vous recherchez de préférence. Vous
avez étudié d'une manière toute spéciale la Pyrale, ce
lépidoptère si funeste à la vigne, l'un des produits agricoles
les plus importants de notre département. La prépondérance
de ses ennemis naturels, ou toute autre cause, a fait
disparaître de notre contrée, en grande partie, cet insecte ;
mais, s'il y reparaissait, il n'est pas douteux que, grâce
à vos recherches, et surtout à celles de notre ancien
correspondant, M. Audouin, on ne parvînt bien plus
facilement à le combattre.

Les *Thermites*, ces insectes si redoutables et dont les
mandibules en apparence si faibles ne tendent pourtant à
rien moins qu'à détruire les maisons les plus solides, en
dévorant toutes les pièces de bois qui entrent dans leur
construction, ont aussi été le sujet presque constant de nos
recherches. Plusieurs localités de notre département en sont
infestées ; et ce serait faire une bien précieuse découverte
que de trouver un moyen simple et facile de les détruire.
C'est vers ce but que les efforts de plusieurs de vos membres
se sont dirigés, et s'il n'a pas été atteint, on doit l'attri-
buer à la grande difficulté que présente l'étude d'un
insecte dont la vie se passe toute dans l'ombre, à l'abri de
tous les regards, enfoui qu'il est, tantôt dans la terre,
tantôt dans des murailles, tantôt dans des poutres épaisses.

Disséminé sur tous les points, il est présumable qu'il a
cependant quelque retraite où il s'agglomère en troupe

plus ou moins nombreuse, en véritable thermitière, mais jusqu'à ce jour nos perquisitions n'ont pu nous en faire découvrir aucune.

Un de nos agrégés, M. Boffinet, a fait à Saint-Savinien des recherches nombreuses ; il vous a communiqué une partie de ses observations, et c'est grâce à lui que nous avons pu nous assurer, *de visu*, que l'insecte parfait est ailé.

Je vous ai moi-même souvent fait part de mes études sur cet insecte, et en ce moment je fais des expériences qui me permettront de mieux connaître la vie, les mœurs, la structure organique, l'histoire naturelle en un mot, de ce lignivore, à la voracité et à la fécondité duquel des maisons entières ne suffisent pas.

S'il est des êtres animés que l'homme ait intérêt à détruire, il en est d'autres dont il doit favoriser la multiplication. Les sangsues sont de ce nombre, et les recherches que je vous ai lues sur ces annélides avaient surtout ce objet en vue.

Enfin, le mémoire de M. Dubois, sur les huitres, rappelle combien la multiplication de ces molusques est intéressante, et combien est fructueuse l'immense exploitation qu'on en fait sur nos côtes.

CHIMIE.

Ici se termine l'analyse de vos travaux, concernant l'histoire naturelle proprement dite ; mais il est une foule de questions ayant trait aux sciences physiques et chimiques, et à l'application de ces sciences aux arts et à l'industrie, que vous avez traitées. C'est ainsi que MM. Brossard et Hubert ont cherché à obtenir par des procédés plus simples de la crème de tartre. Ces recherches, qui ont conduit M. Hubert à former un établissement remarquable, où il emploie de nouveaux procédés, présentent un grand intérêt pour un département où les tartres sont très-abondants.

Ces Messieurs ont fait des essais nombreux sur le *Poligonum tinctorium* dans le but d'en extraire le principe colorant.

M. Hubert a fait plusieurs analyses chimiques qu'il importait à quelques-uns d'entre nous de connaître ; c'est ainsi qu'il a analysé le bris inférieur et le bris supérieur qui forment les vastes marais desséchés de Boëre et de Taugon, bris dont le mélange est si fructueux que les fermiers ne craignent pas de dépenser jusqu'à 90 francs par hectare, pour opérer cette espèce de marnage qui produit des résultats meilleurs que l'engrais le mieux approprié.

L'analyse de la liqueur rouge produite par la plante marine, le *Ceramium pellicinatum*, lui a fait connaître qu'elle contenait de l'iode, du bromate de potasse, du carbonate de magnésie, plus un sel calcaire et un autre à base de soude. — La couleur rouge serait, d'après M. Hubert, le résultat de la combinaison de l'iode et du brôme.

L'arsenic et ses composés ont fait le sujet d'un mémoire qui m'est commun avec le chimiste dont je rappelle ici quelques travaux.

M. le Sieur des Brières vous a fait part d'un nouveau procédé qu'il a inventé pour obtenir le sulfate de quinine, sans employer l'alcool. Ce procédé repose sur la propriété que la quinine a d'être insoluble dans l'eau froide.

M. de Beaupreau vous a soumis un mémoire où il a signalé les inconvénients du rouissage du lin dans les ruisseaux et les rivières, et dans lequel il propose un système nouveau, qui n'aurait plus les inconvénients d'insalubrité que présente celui qui est employé journellement.

La couleur rouge qui teint quelquefois l'eau des marais salants, et qui donne souvent au sel nouveau une odeur de violette très-prononcée, a excité votre curiosité, et cela avec d'autant plus de raison que les savants qui en ont recherché les causes ne sont point d'accord. Ainsi Audouin (Annales de Chimie, décembre 1837) l'attribue à une espèce de mollusque, l'*Artemisia salina*. Dans un autre travail, M. Payen partage l'opinion d'Audouin, tandis que M. Joly l'attribue à l'*hœmato-coccus salinus*. Vous avez nommé une commission qui doit faire de nouvelles recherches à ce sujet.

L'insuffisance et, qui plus est, les erreurs que peut entraîner le galactomètre, vous ont été signalées dans un mémoire que vous a lu le docteur Fromentin fils.

J'ajouterai, pour ne rien omettre, que je vous ai donné une note sur la chute d'un aréolithe, tombé le 5 septembre 1844, dans la Vendée.

Enfin, si des phénomènes naturels nous passons aux aberrations qui se produisent dans la nature, il ne nous

restera plus qu'à vous signaler plusieurs cas de monstruo-
sités. Le premier est une tête de veau monstrueuse, donnée
par M. d'Orbigny: elle présente la réunion des deux yeux
dans un seul. Du milieu du front part une espèce de
trompe , le nez manque entièrement. Le second est
l'observation très-curieuse que je vous ai communiquée
d'un fœtus humain de trois mois, bis–corps : les deux
jumeaux adhèrent par les organes sexuels.

M. Cassagnaud nous a également donné un jeune agneau
monocéphale et bis–corps. — Et récemment M. d'Orbigny
a trouvé un requin à deux têtes dans le ventre de sa mère.

Telle est, Messieurs, l'énumération , beaucoup trop
succincte , je le répète , de vos travaux. Il est fâcheux que
nos ressources pécuniaires ne nous permettent pas de les
publier chaque année. Plusieurs de vos membres vont
chercher la publicité dans des journaux tout-à-fait étrangers
à notre spécialité. Il en résulte une perte réelle pour notre
Société qui s'approprierait ces travaux, et qui offrirait , par
une publication régulière, n'aurait–elle lieu qu'une fois
par an , un stimulant puissant à l'activité de ses membres.

DEUXIEME PARTIE.

—

MESSIEURS,

En 1845, je rédigeai l'aperçu succinct, qui précède sur les travaux de la Société, depuis son origine, afin de le transmettre à M. le Ministre de l'instruction publique, qui l'avait demandé. L'encouragement d'une somme de trois cents francs que M. le Ministre nous a donnée sans en avoir fait la demande, et que nous venons de recevoir, est sans doute dû à la preuve qu'il a acquise ainsi de l'activité de notre Société. Ce travail lu à la séance du 19 septembre 1845, parut à la plus grande partie d'entre vous assez intéressant pour qu'ils en demandassent l'impression, comme étant l'histoire fidède de nos travaux, et présentant à ce titre un degré d'importance d'autant plus grand qu'il pouvait servir d'Annales à notre Société, établir des relations plus intimes et plus multipliées entre nous et les membres aggrégés ou correspondants et les autres sociétés savantes, qu'en un mot il témoignerait au dehors de notre existence. La Société décida alors que ce travail serait remis au copiste, et qu'après une nouvelle lecture, on statuerait sur la question de le faire ou non imprimer.

L'insuffisance de notre caisse ne nous a pas permis de revenir sur cette question qui se représente aujourd'hui ; mais quel que soit votre décision à intervenir à ce sujet, je dois, Messieurs, continuer cette œuvre. Je vais suivre le même ordre que celui que je suivis alors; je commence donc par la géologie.

GÉOLOGIE.

Cette science, qui offre aujourd'huit tant d'intérêt a tenu une large place dans nos travaux. Vous savez tous avec quel intérêt nous avons entendu M. d'Orbigny père nous décrire tous les faits géologiques que nous offre l'étude des terrains des environs de la Rochelle, comment il lui est arrivé de nous faire faire des excursions dans les arrondissements limitrophes, et vous n'avez pas oublié la description qu'il vous a donnée des fameux bancs d'huitres de Saint-Michel en l'Herm. Ce sujet avait été traité en 1813 par M. Fleuriau, qui publia à cette époque, dans le Journal de physique, un mémoire intitulé : Description des buttes coquillaires de Saint-Michel en l'Herm.

Ce mémoire que vous avez dans vos archives est plein d'intérêt. La question des soulèvements y est déjà agitée comme cause productrice de ces collines. Elles sont au nombre de trois, presque contiguës : elles s'élèvent au milieu d'un immense marais desséché et sont formées par des couches horizontales de coquilles, au nombre de neuf espèces au moins. Ces mollusques sont en tout pareils à ceux qu'on retrouve aujourd'hui sur nos côtes.

M. Fleuriau, généralisant davantage, ne s'est pas borné à nous parler de notre département; mais considérant une plus vaste étendue de terrain, c'est de la Vendée aux Pyrénées qu'il a successivement décrit devant vous les couches si nombreuses et si variées que le géologue rencontre sur cette longue échelle. Il vous a en outre donné un tableau géologique qu'il a extrait d'un mémoire de M. Boué, et qu'il a modifié en ce qui concerne l'étendue de terrain qui se trouve entre la Gironde et la Vendée.

Ces études géologiques sont familières à M. Fleuriau, et ce n'est pas sans un vif intérêt que vous l'avez suivi dans ses premières excursions. Il vous a fait voyager avec lui dans beaucoup de pays, et la description qu'il vous a donnée des changements géologiques, produits par le tremblement de terre, qui eut lieu en Calabre en 1783, et qu'il est allé observer sur les lieux mêmes, vous a prouvé combien grande peut être l'action de ces secousses.

Nous devons encore au même membre un excellent mémoire sur les carrières de notre département, mémoire fertile en applications industrielles et commerciales.

Vous vous occupez depuis longtemps de la carte géologique de la Charente-Inférieure. Notre Société possède des matériaux précieux, et des renseignements de toute nature ont été recueillis par elle à cet effet.

M. d'Orbigny père a déjà dressé une carte géologique qui a été imprimée ; mais nous ne tarderons pas à en avoir une plus complète et plus précise : elle sera due à un de nos membres correspondants, M. Manès, ingénieur en chef des mines.

Puisque l'occasion de parler de M. Manès se présente, je ne la laisserai pas échapper sans vous rappeler le mémoire et l'atlas qu'il a publiés et qu'il vous a adressés, relativement aux terrains houilliers de la Vendée et de la Loire-Inférieure. Ce travail, qui présente pour les contrées qu'il concerne un très-haut degré d'importance, ne saurait être étranger à la nôtre qui en est si voisine.

La carte géologique et industrielle de la Haute-Vienne, que le même membre nous a adressée, doit également être rappelée ici et signalée à votre attention.

M. L. Vivier sentant tout l'embarras qu'on éprouve dans la synonymie des expressions géologiques, a eu l'heureuse idée de fonder un tableau synoptique des principaux systèmes adoptés dans cette science. A l'aide de ce tableau, ce qui n'était qu'un chaos confus est devenu d'une simplicité parfaite ; ce qui embarrassait si fortement les élèves et quelquefois même les savants, n'existe plus aujourd'hui, grâce au travail de notre collègue.

Il vous a donné aussi plusieurs résumés analytiques de mémoires qu'il supposait devoir vous intéresser. Je citerai entre autres ceux de M. Pissis, sur la configuration des continents et la direction des chaînes de montagnes, et ceux de M. de Quatrefargues, sur les produits naturels de l'Archipel de Chanzé, près le Mont-Saint-Michel.

La question des attérissements qui est si palpitante d'intérêt pour notre pays, et peut-être plus particulièrement encore pour notre arrondissement, vous a occupés pendant plusieurs de vos séances. Je voudrais vous rappeler ici les longs débats qui ont eu lieu à ce sujet et qui sont consignés dans vos procès-verbaux. Il serait à désirer que cette question fît l'objet d'un mémoire rédigé par un des membres de notre Société.

A la question des attérissements s'en rattachent beaucoup d'autres : telles sont la configuration du fond de la mer dans nos rades, et à une certaine distance du rivage, la nature géologique de ces mêmes fonds, et celle des côtes, la direction des courants. Chacune de ces questions vous a préoccupés, et de l'examen de la première vous avez été conduits à tenter un travail qui n'avait encore été conçu ou exécuté par personne, et qui peut devenir d'une utilité incalculable ; je veux parler de la représentation figurée en creux et en relief, de nos rades et de nos pertuis. Ce travail, qui est en voie d'exécution, est presque terminé. Nous le devrons à la patience persévérante et à l'adresse très-remarquable de notre collégue, M. L. Bonniot. Il va, pour peu que nous ayons des imitateurs dans d'autres pays, ouvrir une ère nouvelle à la géographie sous-marine. Les conséquences faciles à prévoir auront un haut degré d'importance pour la défense des côtes, pour la navigation, pour la pêche, et, afin de ne pas sortir de notre spécialité, nous dirons pour l'histoire naturelle ; car les différents êtres de la création ne vivent pas tous dans des conditions pareilles, et de même que la plupart des animaux, des insectes et des plantes qui couvrent les montagnes, diffèrent de ceux de même espèce, qui habitent dans les plaines ou les vallées, de même les hauts et les bas fonds de la mer ont leurs habitants spéciaux, qui ne peuvent vivre, végéter ou s'accroître que là où ils trouvent les condition,

physiques indispensables à leur existence et leur développement.

Ce beau travail, Messieurs, dont, je le repète, nous
ne prévoyons pas toutes les conséquences, fera honneur à
notre Société, qui ne saurait trop avoir à cœur de le
mener à bonne fin.

Je n'abandonnerai pas ce qui a rapport à la géologie,
sans vous parler des ossements fossiles dont vous avez reçu
les modèles en plâtre : le muséum de Paris, qui vous a fait
cet envoi, n'en restera pas là ; nous avons l'espoir qu'il
tiendra à enrichir de plus en plus notre collection.

BOTANIQUE.

CRYPTOGAMIE. — L'étude de cette partie de la botanique
a fait le sujet des recherches longues et laborieuses d'un
membre que la mort nous a enlevé ; je veux parler d'Emile
Beltremieux. Il vous a lu une notice sur la maladie de
la pomme de terre, due selon lui au développement d'un
végétal cryptogame. La veuve de ce jeune collègue, arrêté
par la mort dès ses premiers pas dans la carrière scientifique, vous a fait don d'un ouvrage posthume, manuscrit,
orné de planches dessinées avec le plus grand soin, et
peintes avec un goût exquis et une vérité frappante, qu'elle
avait trouvé dans les papiers de son mari. Cet ouvrage renferme toute la lychénographie. Je ne vous rappellerai point
ici tout ce que j'ai dit sur ce jeune confrère dans la notice
biographique, que je vous ai lue dans une de vos séances,
et qui a été imprimée par les soins de la Société. (1)

____

(1) Notice nécrologique sur Émile Beltremieux, par le docteur Sauvé.

Parler de cryptogamie, c'est vous rappeler les travaux de deux de nos membres, MM. Hubert et Chevalier, qui poursuivent sans relâche la tâche qu'il se sont imposée de faire l'histoire complète de toutes les plantes thalassiophites qui croissent ou qui sont apportées sur nos côtes.

M. d'Orbigny s'est aussi beaucoup occupé des plantes marines du golfe de Gascogne, et particulièrement de celles du département de la Charente-Inférieure. Rien n'a égalé son zèle quand il s'est agi de déterminer la zône d'habitation des diverses algues ; il n'a pas craint de plonger à de grandes profondeurs, ainsi que le prouve l'essai qu'il a publié dans les Annales du muséum, et dont il vous a remis un exemplaire.

PHANÉROGAMIE.

J'aurais, Messieurs, à vous signaler sous ce titre une foule de nouvelles plantes qui sont venues grossir votre catalogue provisoire, et dont l'existence dans le département vous a été signalée par plusieurs de vos membres agrégés ou correspondants ; mais cette énumération serait longue : je crois devoir la passer sous silence, et me borner à me rendre ici l'organe de la Société, en adressant des remercîments à ceux qui nous facilitent les moyens de publier un jour une Flore de notre département aussi complète que possible.

M. Faye est un de nos plus anciens membres, il est aussi un de nos botanistes les plus zélés ; nous lui devons deux publications : la première sur les progrès qu'a faits l'étude de la botanique dans la Charente-Inférieure ; la seconde, sur les plantes de la Vendée.

M. de la Lande, professeur d'histoire naturelle, à Nantes, dont nous avons fait bien plus récemment l'acquisition comme membre correspondant, nous a déjà envoyé la relation imprimée de plusieurs herborisations faites dans notre département.

M. d'Orbigny, ce doyen des naturalistes de nos contrées, devait faire la description de cet arbre séculaire, de ce chêne immense par ses dimensions et sa vieillesse, qu'on remarque dans la commune de Pessine, près Saintes. Cette belle et vénérable relique des temps antiques, dit M. d'Orbigny, est un géant de la végétation. Né, tout le fait supposer, avant l'ère chrétienne, il a peut-être dans sa jeunesse nourri le gui sacré des druides, et durant près de vingt siècles il a vu passer devant lui de si nombreuses générations, des catastrophes et des révolutions si multipliées, pour sortir seul vainqueur de tant de vicissitudes et de tant d'orages.

Ce chêne a 8 à 9 mètres de diamètre à la base. Vous n'avez point oublié la description et la figure que M. d'Orbigny vous en a faites.

ZOOLOGIE.

Cette branche d'histoire naturelle est la plus connue ; elle n'a pas occupé vos loisirs autrement qu'en ce qui concerne les collections. Votre cabinet s'accroît tous les jours de nouvelles espèces, qui viennent, par les soins de notre conservateur, se ranger dans l'ordre le plus méthodique.

La ville de la Rochelle, si bien à même de juger l'importance de notre cabinet, vient de concourir, de concert avec notre vénérable président, à l'augmentation rapide de nos richesses. Elle a fait l'acquisition de la belle collection d'objets d'histoire naturelle qu'avait formée avec tant de soins et de persévérance M. d'Orbigny père. Tous ceux de ces objets qu'on peut trouver dans le département, nous ont été remis. Grâces en soient rendues à notre président et à notre conseil muncipal.

M. Brossard, qui dirige avec fruit et intelligence notre jardin botanique, vous a souvent entretenus des mœurs et de l'industrie des abeilles. Les observations journalières qu'il fait sur ces hyménoptères, étudiés par lui dans des ruches construites d'après le plan de M. de Beauvoys, le mettront à même de vous donner un travail spécial sur ces intéressants insectes.

M. d'Orbigny vous a fait l'histoire des parcs ou bouchots à moule qui n'existent que sur les côtes de l'arrondissement de la Rochelle. Cette description est intéressante au point de vue de l'histoire naturelle, et peut-être plus encore au point de vue industriel. En effet cette éducation des moules, dans des parcs spéciaux, occupe une grande quantité des habitants des communes d'Esnandes, Charron et Marsilly. Si cette industrie est leur principale occupation, c'est aussi la source où ils vont puiser pour satisfaire aux besoins de leur existence. Cette description a paru assez importante pour en faire le sujet d'une brochure qui fait honneur à notre digne collègue.

Le même membre a rédigé six tableaux très-intéressants, qu'il a donnés à notre Société :

Les deux premiers contiennent la paléontologie, suivant les formations sédimentaires.

Les quatre autres présentent, d'après la classification de Cuvier : 1° les mammifères ; 2° les oiseaux ; 3° les reptiles ; 4° les poissons. Dans ces tableaux ne figurent, bien entendu, que les objets qui se trouvent dans notre département.

M. d'Orbigny a en outre fait don, avant la cession complète de ses collections, de la majeure partie de nos sujets paléontologiques et géologiques, qu'il a classés avec un soin tout particulier.

SCIENCES.

Chimie. — M. Cartier s'est empressé, aussitôt la découverte du coton-poudre, de préparer ce nouvel agent détonnant. Il vous en a apporté ici, à plusieurs reprises différents échantillons, et vous avez pu vous livrer à des expériences directes sur l'usage que l'on pourrait faire de cette découverte. M. Vivier a considéré cette nouvelle poudre au point de vue de son emploi, tant pour les armes de guerre, que dans l'art du mineur. Il pense qu'elle peut être très-utile dans le second cas, tandis qu'elle présente des inconvénients graves dans le premier.

Physique. — Un de nos concitoyens, M. Bonnière, annonça par la voie des journaux une découverte importante, qu'il venait, disait-il, de faire. Elle consistait dans un appareil, auquel il donnait le nom de ventilomètre, et auquel il attribuait la précieuse propriété d'indiquer les changements de vent, dix, douze ou quinze heures à l'avance. Sans rien préjuger sur une découverte qui vous parut plus qu'hypo- thétique, vous crûtes devoir nommer une commission pour suivre la marche de cet instrument qui a une grande ressem- blance de forme avec une boussole ; c'est en effet une aiguille qui obéit à l'impulsion que lui donnent des petits carreaux aimantés, disposés d'une manière toute particulière à M. Bonnière, et dont il fait mystère. Les expériences que la commission a suivies ont été souvent favorables ; mais le refus de M. Bonnière de nous remettre l'instrument pour mieux en suivre la marche, a mis vos commissaires dans l'impossibilité de se prononcer sur sa valeur, si tant est qu'il y ait valeur dans cet appareil.

M. L. Bonniot vous a fait connaître un instrument de son invention, au moyen duquel il peut facilement mesurer les distances et les hauteurs de tous les objets, par leur grandeur apparente ; il a donné à cet instrument le nom de *Solimètre*.

MÉTÉOROLOGIE.

Cette partie de la physique est pour nous (il faut en convenir) un peu trop négligée ; cependant elle peut fournir les résultats les plus utiles à la médecine, à l'agri- culture, à la navigation. Nous possédons, il est vrai, des observations faites ici, avant nous, par plusieurs météorologistes. Cet antécédent nous obligeait à les imiter et à continuer leurs recherches. J'espère que la Société

prendra en considération la proposition que je lui ai faite
à diverses reprises, d'organiser un observatoire. Cette
question intéresse, non seulement notre localité, mais
encore la climatologie générale.

Si les observations barométriques, thermométriques et
hydrométriques nous font défaut, nous avons pourtant
les quantités d'eau tombée dans notre arrondissement.
M. Fleuriau de Bellevue possède un registre qui ne contient pas moins de 57 années d'observations, faites à cet
égard par MM. Mouroy, Seignette, Fleuriau et Vincent de
Courçon. A ces observations sont jointes celles qui sont
relatives à la direction journalière des vents.

Plusieurs d'entre vous ont été témoins et observateurs,
les uns d'une aurore boréale, les autres de la chute de
météores lumineux, d'autres enfin de celle de la foudre.
Les communications qu'ils vous ont faites de ces phénomènes, ont été le sujet de vos discussions.

MÉDECINE.

La Société compte parmi ses membres plusieurs mé-
decins, il n'est pas étonnant que des questions qui ont
trait à cette science aient été souvent agitées devant
vous. C'est ainsi que nous avons traité du mal de mer, de
ses causes, de ses effets et de son traitement préservatif ou
curatif; de l'asphyxie par les gaz délétères et plus particulièrement de celle produite par le gaz provenant de la
combustion du charbon. Je vous ai à ce sujet fait part de
plusieurs observations, dans lesquelles j'avais réussi à
rappeler promptement à la vie des asphyxiés.

L'asphyxie par submersion et celle des nouveaux-nés, ayant fait le sujet de recherches spéciales de ma part, je vous ai lu un mémoire à ce sujet, et vous ai démontré l'utilité d'instruments nouveaux, que j'ai inventés pour combattre ce genre de mort apparente. Ce travail que j'ai adressé à l'académie nationale de médecine, qui est si compétente pour le juger, en a reçu la plus complète approbation.

Deux découvertes importantes qui tendent à anéantir la douleur pour les opérations chirurgicales ont été faites récemment ; notre Société n'a pas voulu y rester étrangère. M. Berthaud vous a donné des détails chimiques sur les préparations de l'éther et du chloroforme. Je vous ai parlé des propriétés anesthésiques de ces deux corps, et vous avez pu vous convaincre de leurs propriétés en me voyant opérer sur des animaux.

Il est un autre ordre d'expériences bien remarquables, auxquelles je me suis livré, et dont je vous ai fait part ; elles sont relatives au meilleur antidote de l'arsenic et de ses préparations. Il résulte de ces expériences que cinquante centigrammes, un et même deux grammes d'acide arsénieux, peuvent être presque impunément ingérés par un chien, si on fait avaler immédiatement à l'animal de dix à vingt grammes de magnésie du commerce.

Les fièvres intermittentes endémiques dans un grand nombre des localités littorales de notre département ont dû appeler souvent notre attention ; à ce point de vue nous ne pouvions laisser passer sous silence l'intéressant rapport que M. le docteur Mélier a fait à l'académie nationale de médecine ; nous avons discuté pendant plusieurs séances sur la valeur des conclusions de ce rapport, et la Société a reconnu que le savant et judicieux rapporteur avait parfaitement étudié la question, et que l'expérience propre à chacun de nous venait confirmer ses principales assertions.

M. Fleuriau, bien qu'étranger aux sciences médicales, a pourtant traité en homme de la profession, un point d'hygiène publique fort important : je veux parler de l'assainissement des terres basses. Cette question est trèsvaste, elle embrasse tous les désséchements ; c'est sans contredit une des questions les plus importantes qui puisse intéresser le médecin hygiéniste.

A plusieurs reprises, la question des fièvres intermittentes s'est reproduite ici. Vous savez que notre ville en présente quelquefois des cas assez nombreux ; je crois vous en avoir signalé la cause unique, qui est produite par le mélange des eaux douces de Lafond avec celle de l'eau de mer, que contiennent les fossés de la ville. Vous savez avec quelle insistance je demande depuis longues années des travaux pour que ce mélange n'ait plus lieu.

Enfin, Messieurs, puisqu'il est ici question d'hygiène publique, je vous rappellerai que la désinfection des matières fécales est une des questions que vous n'avez pas négligées, que vous avez étudié à cet égard les recherches de MM. Boussingault, Dailly, Dumas, Herpin, etc., et qu'un jour, qui, j'en ai l'espoir, n'est pas éloigné de nous, notre ville sera dotée d'un établissement aussi utile à la santé publique, qu'intéressant pour les arts et l'agriculture. Vous savez qu'avec le procédé si imparfait de dessication, les 9/10e de l'engrais fécondant sont perdus, ainsi que les sels ammoniacaux si utiles dans l'industrie, et le gaz qu'on pourrait utiliser pour l'éclairage.

Le fluide vaccin, trouvé primitivement sur le pis des vaches d'une certaine contrée de l'Ecosse a été remarqué plusieurs fois sur les vaches de M. de Beauprau. Ce même membre m'ayant prié d'aller constater le fait, j'ai remarqué sur la partie postérieure des mamelles d'une jeune vache des boutons couverts de croûte, qui avaient l'aspect de boutons de petite vérole, desséchés. J'ai vacciné sans résultat un enfant avec ces croûtes et un peu de pus, qui y était adhérent à leur face interne. L'époque favorable était passée.

M. Avrard vous a entretenus d'une nouvelle découverte : les sangsues mécaniques qui rendraient un bien grand service, si elles tenaient les promesses que l'on a fait en leur nom. L'expérience pourra seule faire connaître à quel degré elles sont utiles.

AGRICULTURE. —Il semblerait que parler ici d'agriculture serait faire double emploi, et empiéter sur le terrain que fouille si bien la société spéciale qui se réunit comme nous au jardin des plantes ; cependant les sciences et les arts qui en découlent sont si connexes qu'il est impossible que notre Société et celle d'agriculture n'aient pas des points de contact assez nombreux. Ce que nous disions tout-à-l'heure des procédés chimiques appliqués aux produits excrétés de la digestion en serait une preuve ; ajoutons-en quelques autres : les eaux mères de nos marais-salants contiennent des substances chimiques qui pourraient exercer la plus heureuse influence comme engrais. Vous vous rappellerez, Messieurs, que j'ai attiré l'attention de la Société sur cette question qu'il serait si important de voir résolue par la pratique.

L'analyse chimique de la tourbe indique que cette espèce de dépôt pourrait être utilement aussi employé comme engrais.

Le sel, ce condiment indispensable à la nutrition des animaux, va devenir de plus en plus étendu en agriculture. Les chimistes ont pu, par l'analyse de ses propriétés chimiques et physiques, prévoir, comme vous l'avez fait, son utilité; c'est aux agriculteurs à la démontrer par l'expérience. Enfin si la chimie indique les proportions dans lesquelles se trouve l'élément nutritif dans chaque espèce d'aliments, elle a pu chercher à associer entre eux des corps qui, séparés, ne sont pas employés à l'alimentation : tel est le sang provenant des abattoirs, qui réuni au pain, peut être conservé pendant très-longtemps et former un aliment précieux pour les animaux, et plus particulièrement pour les porcs. On vous a présenté du pain fabriqué ainsi depuis dix jours, qui était dans un état de conservation remarquable.

ARTS ET INDUSTRIE.

Plusieurs inventions modernes qui sont appelées à exercer la plus grande influence sur la Société, ont dû nécessairement être le sujet de vos préoccupations ; je veux parler des chemins de fer, du télégraphe électrique, de la photographie et de l'éclairage au gaz. Vous vous êtes sans cesse tenus au courant de toutes les modifications et per-

fectionnements qui ont rapport à ces précieuses découvertes ;
M. Berthaud vous a représenté un télégraphe électrique
sur une assez longue échelle ; M. Bonniot vous a fait voir
par ses nombreuses épreuves daguerriennes qu'il était au
courant de toutes les améliorations que cette découverte
avait reçues dans ces derniers temps. Plusieurs de ces épreuves ont été faites devant vous et n'ont rien laissé à désirer.

L'éclairage au gaz est venu remplacer l'huile dans une
foule de circonstances avec le plus grand avantage ; vous
avez souvent traité des corps d'où on pouvait l'extraire,
tels que le marc de raisin, les matières fécales, etc., de ses
modes de préparation, d'épuration, de distribution, etc.,
etc., des usages auxquels on pouvait appliquer les différents
produits qu'on obtient en même temps que lui.

M. Fleuriau vous a entretenus de la manière dont se
faisait le charbon dans une forêt voisine, celle de Benon,
au moyen d'un procédé économique.

Enfin M. Vivier vous a fait un rapport sur l'appareil de
sauvetage de M. Delvique. Il nous importe, à nous qui
habitons un port de mer, d'apprécier tous les avantages que
pouvait offrir un pareil moyen. Malheureusement il est à
regretter que le poids de cet appareil le rende d'un usage
très-rare et très-difficile.

Je ne peux, Messieurs, clore cette rapide revue sans
vous parler des albums dans lesquels un de nos membres,
M. d'Hastrel, a su représenter avec tant d'art et de vérité
les vues et les principaux monuments de notre ville. Nous
devons au même membre d'autres albums peut-être plus

remarquables encore , mais il n'ont pas trait à notre département , et je ne les cite ici que pour souvenir.

La salle de nos séances est ornée du portrait de notre
digne président ; il a bien voulu nous le laisser après de
pressantes sollicitations. L'image de celui qui a tant fait
et qui fait tant encore pour notre Société ne pouvait être
mieux placée qu'au milieu de cette vaste collection , à laquelle il a tant contribué.

Pour terminer l'histoire de nos travaux , il me resterait
à vous parler de l'administration de la Société , mais vous
savez combien sa marche est régulière ; ce serait en outre
descendre dans des détails minutieux et sans importance
scientifique : je me bornerai à vous donner l'inventaire
abrégé de nos collections, fait par M. d'Orbigny, et les
noms des membres dont notre Société se compose.

INVENTAIRE DES COLLECTIONS DÉPARTEMENTALES

De la Société des Sciences naturelles de la Rochelle, le 1ᵉʳ mars 1850.

La plupart des échantillons ont été donnés par des membres de cette Société.

ANIMAUX VERTÉBRÉS.

Mammifères	250
Oiseaux	780
Reptiles	210
Poissons	560

ANIMAUX INVERTÉBRÉS.

Insectes	6,100
Arachnides	180
Crustacés	750
Cirrhopodes	280
Vers et Annelides	350
Mollusques	5,620
Zoophytes	820
Foraminifères	240

GÉOLOGIE.

Roches	1,560
Palœontologie	3,740
Total	26,520

A quoi il faut ajouter la Botanique que nous donnerons d'une manière plus détaillée.

— 41 —

PHANÉROGAMES.

	Genres.	Espèces.		Genres.	Espèces.
Renonculacées.	10	36	Rhamnées.	1	1
Berbéridées.	1	1	Légumineuses.	26	98
Nymphéacées.	2	2	Rosacées.	15	32
Papavéracées.	3	6	Cucurbitacées.	2	2
Fumariacées.	1	4	Onagrariées.	4	7
Crucifères.	30	51	Haloragées.	3	4
Cistinées.	2	3	Lythrariées.	2	3
Violariées.	1	5	Tamariscinées.	1	1
Résédacées.	2	3	Portulacées.	2	2
Droséracées.	2	3	Paronychiées.	5	5
Polygalées.	1	2	Crassulacées.	3	8
Frankéniacées.	1	1	Grossulariées.	1	3
Cariophyllées.	13	49	Saxifragées.	1	2
Linées.	2	7	Araliacées.	1	1
Malvacées.	2	7	Ombellifères.	28	47
Tiliacées.	1	2	Caprifoliacées.	4	9
Hypéricinées.	1	7	Rubiacées.	5	19
Accrinées.	1	2	Valérianées.	3	8
Hippocastanées.	1	1	Dipsasées.	2	4
Ampélidées.	1	1	Composées.	48	99
Géraniacées.	2	10	Campanulacées.	4	7
Oxalidées.	1	2	Ericinées.	3	6
Zygophyllées.	1	1	Jasminées.	5	6
Rutacées.	1	1	Apocynées.	2	4
Coriariées.	1	1	Gentianées.	6	9
Celastrinées.	2	2	Convolvulacées.	2	6

	Genres.	Espèces.		Genres.	Espèces.
Borraginées.	10	20	Urticées.	4	4
Solanées.	8	13	Amentacées.	5	8
Anthirrhinées.	4	15	Conifères.	4	4
Orobanchées.	2	5	Hydrocharidées	1	1
Rhinanthacées.	6	24	Alismacées.	4	9
Labiées.	24	51	Potamées.	4	11
Lentibulariées.	2	2	Orchidées.	6	23
Primulacé.s	7	10	Iridées.	2	4
Globulariées.	1	1	Amaryllidées.	2	2
Plombaginées.	1	6	Aspargées.	4	5
Plantaginées.	1	5	Liliacées.	8	15
Amaranthacées.	1	3	Colchicacées.	1	1
Chenopodées.	6	21	Joncées.	3	13
Polygonées.	2	12	Aroidées.	1	1
Thymélées.	2	3	Typhacées.	2	3
Laurinées.	1	1	Cypéracées.	4	40
Santalacées.	2	3	Graminées.	37	114
Aristolochiées.	1	1	Lemnacées.	1	4
Euphorbiacées.	3	15			

CRYPTOGAMES.

	Genres.	Espèces.		Genres.	Espèces.
Chavacées.	1	4	Lichens	8	16
Equisetacées.	1	3	Hypoxylées.	1	1
Fougères.	10	19	Champignons.	15	135
Lycopodiacées.	1	1	Lycoperdacées.	11	13
Mousses.	13	26	Algues.	40	114
Hépatiques.	2	3			

	Genres.	Espèces.
Phanéragames.	452	1,046
Cryptogames	103	335
TOTAL..	555	1,381

LISTE DES MEMBRES DE LA SOCIÉTÉ.

MEMBRES TITULAIRES.

MM. Fleuriau de Bellevue, O ✳, correspondant de l'Institut, *Président;* Blutel, *Vice-Président;* Sauvé, docteur médecin, *Secrétaire;* Léon Bonniot, *Trésorier;* d'Orbigny père, médecin militaire en retraite, naturaliste du gouvernement, *Conservateur et archiviste;* Edouard Beltremieux, *Conservateur adjoint;* Elie Chevalier, chef d'institution; Cassagnaud, conservateur du musée de la ville; Hubert, pharmacien; Dubeugnon, juge d'instruction; Alphonse de Beaupreau, propriétaire; Brossard, docteur médecin; Alphonse Menut, employé des douanes; Mallet, docteur médecin; Cartier, pharmacien; Théodore Vivier, O ✳, chef d'escadron d'artillerie; Avrard, docteur médecin; Sosthènes Boutiron.

MEMBRES AGRÉGÉS.

MM. Dufour, capitaine d'état-major retraité, Matha; Cotard, pharmacien, Pons; Durat, propriétaire, Pons; Michelet, docteur médecin, Pons; Bouscasse fils, Saint-Jean-d'Angély; Brard, docteur médecin, Jonzac; Lipard, botaniste, Rochefort; Emile Julliot; Gaudineau fils, Saint-Pierre de Surgères; Perron, professeur, Pons; Mechinet, professeur, Montlieu; Rullier, professeur, Pons; Dubois, professeur, Rochefort, Castel, pasteur, Rochefort; Madame Georges, au Pin, près Saint-Jean-d'Angély; Buteaud, docteur médecin, Saujon; Geay, médecin, la Jarne; Blutel fils; Besnard, professeur, Montlieu; Boffinet, Saint-Savinien; Dupré, professeur de physique; Casimir Lem, Saint-Martin; Ponsin, la Flotte ; Boutard , horticulteur; Oscar Romieux, enseigne de vaisseau ; Robert, président du tribunal de commerce de Marennes ; Savatier , docteur médecin , Matha.

MEMBRES CORRESPONDANTS.

MM. Bauga, docteur médecin, Cognac ; Bayle, ingénieur des mines, Paris ; Coquand , professeur de géologie, Aix ; d'Orbigny (Alcide), naturaliste , Paris ; d'Orbigny (Charles), professeur de géologie, Paris ; d'Orbigny (Edouard), employé des contributions indirectes à Guérande ; d'Orbigny (Salvador), voyageur ; Faure, médecin en chef de l'hôpital militaire à Versailles ; Lecoq aîné, négociant à Cognac; Moshamer, botaniste, Munich ; Grasset, receveur, la Charité-sur-Loire ; Galles, conseiller de préfecture, Vannes ; Claret, docteur médecin, conseiller de préfecture, Vannes; Tasle, maire et notaire, Vannes; Grateloup, docteur médecin, Bordeaux ; Duclos, colonel de génie ; Broussais ✳, médecin militaire, Dunkerque; Faye, Poitiers; Dubroca, docteur médecin, Barsac (Gironde); Broussais, agrégé à la faculté de médecine, Paris ; Moure, docteur médecin, Bordeaux ; Gouget, chirurgien-major militaire, Valence ; Aulagnier ✳, médecin en chef de l'hôpital, Paris; Itier, directeur des douanes, Montpellier; Delâtre, sous-préfet ; Lacronique, docteur médecin militaire; Brochant, docteur médecin , Paris ; Gachet, directeur du musée de Bordeaux ; de Barreau, docteur médecin, près Rhodez, Desbruyères, pharmacien militaire, Bayonne; Cornay, docteur médecin, Paris ; Follet, docteur médecin, Rochefort ; de Saint-Mathurin, propriétaire, Saint-Jean-d'Angély; Lepine, pharmacien de la marine, Rochefort, Hesse, sous-directeur des vivres, Rochefort ; Buhot , officier au 60e régiment ; Mlle Poydevent, Fontenay ; Guérin-Menesville, naturaliste à Paris; d'Hastrel ✳, capitaine d'artillerie retraité ; Rey-Lacroix, inspecteur des douanes, Bastia ; Berthaud, professeur de physique ; Bargignac, sous-préfet ; Roche, sous-préfet, Mamers ; de Gressot, capitaine d'artillerie; Manès, ingénieur en chef des mines, Bordeaux ; Delalande, professeur d'histoire naturelle, Nantes; Lecoq, président de la société des sciences naturelles, Clermont; Marri, botaniste, Montmorency ; Broussais, en Afrique; Anatole Guillon , Niort.

www.ingramcontent.com/pod-product-compliance
Lightning Source LLC
LaVergne TN
LVHW050644060726
842527LV00004B/1463